AF370025

SUR QUELQUES

PROCÉDÉS NOUVEAUX

À USITER

DANS L'ANALYSE DES VINS

PAR

L. ROOS

CHIMISTE

MONTPELLIER
IMPRIMERIE CENTRALE DU MIDI
(Hamelin Frères)

—

1891

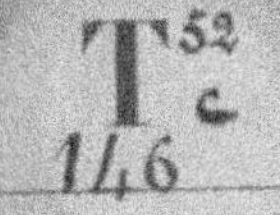

PROCÉDÉS NOUVEAUX

A USITER

DANS L'ANALYSE DES VINS

RECHERCHE DE L'ACIDE AZOTIQUE

DANS LES VINS

PAR MM. BERLAND ET L. ROOS (1)

On emploie maintenant, tout particulièrement en Espagne, les acides sulfurique de nitrique pour aviver la coloration des vins rouges.

L'acide sulfurique présente l'inconvénient de communiquer aux vins les réactions de vins plâtrés; c'est là qu'il faut chercher la raison de l'emploi de l'acide azotique qu'on a tenté de lui substituer.

Nous avons pu étudier un produit vendu en Espagne sous le nom de *Régénérateur introuvable à l'analyse*, et qui n'était constitué que par de l'acide azotique dilué à 50 pour 100.

Il y a là une pratique coupable, car l'azotate de potasse formé par tout ou partie de l'acide nitrique, est un sel dont

---

(1) Note publiée en 1888 par le *Progrès agricole et viticole de l'Hérault*.

l'action sur l'économie n'est pas négligeable. Les auteurs qu
parlent de la détermination de l'acide nitrique dans les vins,
conseillent de rechercher ce produit soit dans les cendres, soit
par la distillation.

On a quelque raison de s'étonner de pareilles méthodes, car
dans les deux cas l'acide nitrique doit disparaître.

Quand on chauffe un vin contenant de l'acide nitrique, il se
dégage du bioxyde d'azote, c'est vrai, mais les causes qui peu-
vent le faire passer inaperçu (1) sont si nombreuses qu'il faut
qu'un vin contienne une forte quantité d'acide azotique pour
qu'on puisse le retrouver par une distillation simple.

Or il suffit d'ajouter 0 gr. 50 environ d'acide par litre, pour
obtenir le résultat demandé. Nous avons cherché un procédé
rapide pour déceler cette fraude et c'est à la réaction extrê-
mement sensible que donne la diphénylamine en présence des
oxydants que nous sommes arrêtés.

Le vin suspect est traité par le sous-acétate de plomb ($^1/_{10}$ de
son volume suffit généralement), puis filtré. Quelques centimètres cubes du filtratum sont additionnés d'une goutte de
solution de diphénylamine à 5 pour 100 dans l'acide sulfurique
pur et concentré. Il se produit un précipité blanc de sulfate de
plomb dont on ne se préoccupe pas. On verse alors avec pré-
caution, en le faisant couler, le long des parois du vase, un
volume d'acide sulfurique pur et concentré égal au volume de
vin mis en œuvre. S'il y a eu fraude, il se produit une magni-
fique coloration bleue dans la zone de séparation des deux
liquides. Bien qu'il se produise des teintes rouges plus ou
moins accusées (2), la réaction est d'une netteté telle qu'on ne
peut souhaiter mieux, car on peut ainsi déceler jusqu'à $\frac{1}{20,000}$
d'acide nitrique.

Quand on a observé cette coloration bleue intense, on n'a
pas encore la certitude qu'on ait bien affaire à l'acide nitrique. Tous les oxydants, en effet, donnent la même réaction,

_____

(1) Il se forme des éthers, qu'il faudrait saponifier pour trouver l'acide
nitrique

(2) Ces colorations sont dues à l'action de l'acide sulfurique sur la matière
colorante du vin, non complètement précipitée par le sous-acétate de plomb.

mais ils sont tous étrangers au vin; il y a donc fraude, car dans aucun cas, sur les très nombreux essais que nous avons faits, nous n'avons obtenu de coloration bleue même faible. Pour avoir une certitude absolue et doser l'acide nitrique découvert, il faut avoir recours à la méthode de Schlœsing, qui est parfaitement applicable dans ce cas, pourvu qu'on ait le soin de concentrer convenablement le vin, préalablement neutralisé avec une base pure.

DOSAGE VOLUMÉTRIQUE DU TANNIN

DANS LES VINS

PAR MM. L. ROOS, CUSSON ET GIRAUD (1)

Les diverses méthodes usitées dans les laboratoires pour le dosage du tannin dans les vins nécessitent des manipulations longues et délicates. Qu'on opère par pesée ou volumétriquement, il faut toujours, au minimum, vingt-quatre heures pour effectuer un dosage.

La méthode volumétrique la plus employée pour le dosage de cet élément dans le vin est celle de Carpene, modifiée par Barbieri. Elle consiste à précipiter le tannin du vin sous forme de tannate de zinc ; le précipité, lavé plusieurs fois par décantation, est dissous dans l'acide sulfurique dilué et oxydé à l'aide d'une solution de permanganate de potasse dont on a fixé le titre par une solution de tannin pur, de richesse connue.

Qu'on opère directement ou en présence de carmin d'indigo, comme le veut Lowenthal, il y a toujours une certaine hésitation dans l'appréciation de la fin de la réaction et l'on n'arrive que par une grande habitude à la sûreté de jugement nécessaire pour de bons dosages.

Cette méthode, en outre, donne des résultats trop forts, et cela s'explique, selon nous, par la nécessité d'opérer la précipitation du tannin en milieu alcalin. Dans ce cas, en effet, le tannate de zinc n'est pas seul précipité. Il est accompagné de matières organiques qui, dans un milieu aussi complexe que le vin, se séparent sous la seule influence de l'alcali, et qui ne sont pas sans action sur le caméléon.

(1) *Journal de pharmacie et de chimie*, 15 janvier 1890.

La méthode que nous allons décrire ne présente pas ces inconvénients.

On fait une solution à 10 pour 100 d'acide tartrique qu'on sature d'ammoniaque jusqu'à faible alcalinité; on ajoute alors au tartrate d'ammoniaque une solution d'acétate neutre de plomb jusqu'à ce que le précipité qui se forme ne se redissolve plus dans la liqueur, puis on filtre (1). Cette liqueur précipite complètement le tannin de ses solutions. On en fixe le titre avec une solution de tannin pur à l'éther, en procédant de la façon suivante :

25 centimètres cubes de solution de tannin à 5 grammes par litre, soit 0 gr. 10 de tannin, sont placés dans un verre, puis additionnés de 4 à 5 gouttes d'ammoniaque. On fait tomber la solution d'acéto-tartrate de plomb d'une burette graduée, de 2 en 2 centimètres cubes pour un premier essai rapide. A chaque nouvelle quantité ajoutée, on prélève avec une baguette une goutte de l'essai qu'on dépose sur une double feuille de papier sans colle (le Berzélius convient parfaitement). Le précipité adhérent à la baguette reste sur le papier au point touché, tandis que par capillarité le liquide s'étend autour et gagne aussi la feuille inférieure. Dans le voisinage de la tache, on dépose une goutte de solution de sulfure de sodium, en ayant soin que le réactif se mélange bien par capillarité au liquide de la première goutte sans que le précipité soit entraîné. Ce précipité (tannate de plomb) forme, sur le papier, une tache à contours très nets qui se fonce sous l'influence du sulfure de sodium, mais qui ne s'entoure d'une auréole brune qu'à partir du moment où le tannin est entièrement précipité. L'intensité de la teinte croit naturellement avec l'excès de plomb.

Ici, comme pour le dosage des phosphates par l'urane, une correction est nécessaire, et il faut observer la fin de la réaction sur un volume à peu près constant.

---

(1) Il est bon de ne préparer que de faibles quantités de cette liqueur, car elle s'altère facilement en déposant du plomb.

On pourrait même faire les deux solutions de manière qu'on n'aurait qu'à les mélanger dans des proportions convenables chaque fois qu'on voudrait procéder à un dosage. (L. Roos.)

Après quelques essais seulement, on reconnait aisément que l'opération est terminée. On a du reste, pour témoigner que l'observation a été bien faite, la feuille de papier inférieure qui ne donne une trace brune que lorsque la précipitation complète du tannin est atteinte et qu'il existe un léger excès de plomb dans l'essai.

Le premier essai rapide donne un titre à 2 centimètres cubes près ; un second essai, fait de 5 en 5 gouttes par exemple, permet de le fixer définitivement. La solution d'acéto-tartrate de plomb ammoniacal ne précipite pas les différents sels minéraux contenus dans le vin, tels que tartrates, sulfates, etc.

Elle est sans action sur le produit du lavage des cendres d'un vin.

Le vin traité par la peau animale fraîche, les cordes de boyaux, la fibrine du sang, qui, disons-le en passant, est supérieure aux autres substances animales, tant pour la rapidité d'absorption que pour les commodités qu'elle présente dans les manipulations, puis soumis à l'action de l'ammoniaque et filtré, ne précipite plus par la solution de plomb.

Cette observation montre que les seules substances absorbables par la peau sont précipitées. On n'entrevoit donc pas de causes d'erreur.

Dans le vin, le dosage du tannin et l'appréciation de la fin de l'opération se font de la même façon que pour la fixation du titre à l'aide de la solution connue de tannin.

On prend 25 centimètres cubes de vin, qu'on additionne d'ammoniaque jusqu'à faible alcalinité. Il est bon de ne pas trop mettre d'ammoniaque, car la précipitation du tannin ne paraît pas se faire aussi facilement dans un milieu trop fortement alcalin. Les gouttes servant à la touche s'étendent avec une légère coloration verte qui gêne peu pour observer le terme de la réaction. Au début, on peut avoir quelque incertitude, mais l'habitude en triomphe bientôt.

Les résultats que l'on obtient avec le vin en usant de cette méthode sont plus faibles que ceux que donnent les méthodes par oxydation. Ils n'expriment peut-être pas la quantité absolue de tannin, mais on est fondé à dire que les chiffres se rapprochent davantage de la vérité puisque les causes d'erreur semblent toutes écartées et que la totalité du tannin est précipitée.

On a vérifié que la filtration d'un essai terminé ne donne plus la réaction du tannin quand on le traite par un sel ferrique après l'avoir légèrement acidifié par l'acide acétique.

Il a été fait deux séries d'analyses dont voici les résultats :

Avec une liqueur de plomb, dont 1 centimètre cube précipite 0 gr. 004 de tannin (c'est là une concentration très convenable), un vin rouge a donné 1 gr. 12 de tannin par litre.

Des quantités croissantes d'une solution de tannin pur ont été mélangées avec ce vin de façon que les sommes du tannin naturellement contenu dans le vin et du tannin ajouté étaient :

Nos 1	1 gr. 54
2	1 99
3	2 43
4	2 88
5	3 22

L'analyse de ces 5 échantillons a donné :

Nos 1	1 gr. 52
2	1 92
3	2 40
4	2 80
5	3 28

Enfin des essais faits sur une série de dix vins, auxquels on avait ajouté des quantités variables de tannin après y avoir effectué un dosage, ont montré que des opérateurs différents retrouvent le tannin ajouté avec un écart maximum de 0 gr. 1.

Nous croyons donc qu'il y a un avantage sérieux à substituer à l'emploi des anciennes méthodes celle que nous venons de décrire, puisqu'elle donne une approximation suffisante tout en permettant de faire en quelques minutes un dosage qui exige plusieurs heures par d'autres procédés.

Bien que nous n'ayons pas essayé l'acéto-tartrate de plomb ammoniacal pour le dosage du tannin dans les matières tannantes, telles que écorce de chêne, sumac, etc., il est permis de supposer que la méthode serait applicable (1).

(1) M. I. Margottet, directeur de la Station agronomique de la Côte-d'Or, dans une publication qu'il vient de faire récemment sur l'analyse chimique des vins de la Bourgogne, récolte de 1890, s'est servi de cette méthode et en donne une appréciation favorable. (L. Roos.)

DOSAGE RAPIDE DES CHLORURES

DANS LES VINS

PAR M. L. ROOS (1)

Le principal inconvénient du dosage ordinaire des chlorures dans un milieu organique, c'est qu'il faut passer par l'incinération. Dans les vins en particulier, la méthode est d'une application difficile ailleurs que dans un laboratoire; mais en lui substituant le procédé que je vais décrire, on obtient rapidement et facilement des résultats suffisamment précis pour les besoins du commerce.

Quand on verse une solution de ferrocyanure de potassium dans une solution de nitrate d'argent, il se produit un précipité blanc. Une goutte chargée de ce précipité et déposée sur une plaque de porcelaine, ou mieux sur du papier Berzélius, ne bleuit, quand on la mouille d'une solution de fer, qu'autant qu'on a mis un excès de ferrocyanure.

Pour faire le dosage de chlorures dans les vins rouges ou blancs, on préparera deux solutions titrées, de nitrate d'argent nitrique à 5 pour 100, et de ferrocyanure de potassium, se saturant exactement. Les solutions *decime-normales* conviennent parfaitement.

A 20 centimètres cubes de vin, par exemple, on ajoute un excès de la solution d'argent et 2 centimètres cubes d'acide nitrique, puis on cherche avec le ferrocyanure la quantité d'argent inutilisée par les chlorures.

On ajoute peu à peu le ferrocyanure, en faisant de temps en

(1) *Journal de pharmacie et de chimie*, 5ᵉ série, t. XXI (15 avril 1890).

temps une tache avec l'essai sur du papier Berzélius et en portant sur cette tache une goutte de sulfate ferreux. (*Le sulfate ferreux donne mieux, soit parce que le ferrocyanure devient partiellement ferricyanure, soit parce que le sulfate ferreux se transforme en sulfate ferrique. Dans tous les cas, on évite la coloration noire des sels ferriques avec le tannin des vins.*)

La tache reste rouge tant qu'il n'y a pas un excès de ferrocyanure et devient nettement bleue dès que la saturation est dépassée.

Le milieu nitrique dans lequel on opère prévient d'autres précipitations que celle des chorures tout en restant sans action sur le ferrocyanure d'argent formé.

Ce n'est point là un procédé de dosage aussi précis que la méthode courante avec nitrate d'argent et chromate de potasse comme indicateur, mais il a l'avantage d'être d'une exécution facile, tout en donnant en somme des résultats satisfaisants.

Les chiffres qu'on obtient sont un peu inférieurs à ceux que donnent les méthodes rigoureuses. Cela tient sans doute à ce qu'il faut une quantité assez forte de ferrocyanure en excès pour obtenir la coloration bleue indiquant le terme de la réaction.

On pourrait par tâtonnements déterminer la quantité nécessaire de la solution de ferrocyanure et l'adopter une fois pour toutes comme correction.

MÉTHODE COLORIMÉTRIQUE

POUR LE DOSAGE DE PETITES QUANTITÉS DE FER

PAR M. L. ROOS (1)

Quand il s'agit de doser le fer dans des substances qui n'en renferment que des traces, et que cependant on tient à des indications d'une certaine précision, on utilise la méthode qui consiste à oxyder le fer, préalablement amené au minimum, au moyen d'une solution titrée de permanganate de potasse.

Cette méthode est d'une grande rigueur, mais encore faut-il que l'essai renferme 2 ou 3 milligrammes de fer pour opérer avec quelque certitude.

Or il y a des produits, les vins notamment, dont il faut employer de grandes masses (on prend ordinairement 500 centimètres cubes) (1) pour réunir ces 2 ou 3 milligrammes de fer dans un essai. L'évaporation, l'incinération et la réduction obligatoires rendent alors l'analyse fort longue.

J'ai eu l'idée de substituer à cette méthode, pour les vins en particulier, un examen colorimétrique basé sur la coloration rouge intense que donnent les sels ferriques au contact des sulfocyanures alcalins.

La réaction est des plus sensibles, puisqu'une solution contenant seulement 0 gr. 0001 de fer par litre donne encore une coloration appréciable sous une certaine épaisseur, quand on lui ajoute un sulfocyanure alcalin.

Le procédé consiste simplement à comparer les teintes

---

(1) C'est la quantité adoptée par MM. Gayon, Blarez et Dubourg pour leurs analyses des vins de la Gironde, et par M. I. Margottet pour ses analyses des vins de la Bourgogne.

obtenues avec une solution de fer de richesse connue et la solution dans laquelle on cherche à le doser.

On commence par faire une liqueur titrée de fer en dissolvant un gramme de fer pur dans l'eau régale. On évapore à siccité au bain-marie pour éliminer l'excès d'acide et l'on dissout le chlorure ferrique restant dans un litre d'eau distillée.

Cette solution légèrement acidulée par l'acide chlorhydrique est conservée.

Pour effectuer une analyse, on incinère la substance dans laquelle on veut doser le fer (quelques grammes ou quelques centigrammes suffisent suivant la richesse présumée); on traite la cendre par une petite quantité d'acide chlorhydrique dilué qui dissout le fer sous forme de chlorure ferrique.

L'incinération et la dissolution en présence de l'air assurent suffisamment l'oxydation du fer pour qu'on n'ait pas besoin d'ajouter un oxydant.

Le chlorure ferrique est étendu ensuite à un volume connu avec une solution de sulfocyanure de potassium à 5 pour 100.

On prend ensuite un volume quelconque de la solution titrée de fer à 1 gramme par litre, qu'on décuple avec la même solution de sulfocyanure de potassium à 5 pour 100. On obtient ainsi une liqueur contenant 0 gr. 010 de fer par litre.

C'est à la teinte donnée par cette dernière liqueur qu'il faut comparer celle obtenue par le traitement des cendres de la substance à analyser.

L'expérience m'a montré qu'on ne doit comparer entre elles que des liqueurs contenant au moins 0 gr. 005 et pas plus de 0 gr. 015 de fer par litre. C'est entre ces limites seulement que l'intensité de la teinte obtenue peut être considérée comme vraiment proportionnelle à la quantité de fer. On arrive aisément à ce que la richesse du liquide soit comprise entre ces limites en étendant la liqueur, toujours à un volume connu, et avec la solution de sulfocyanure de potassium, jusqu'à ce que la coloration soit comprise entre les deux teintes fournies par des solutions à 0 gr. 005 et 0 gr. 015 qu'on aura préparées pour la circonstance.

La solution type à 0 gr. 010 de fer par litre est alors placée dans l'un des godets du colorimètre bien orienté, et l'on fixe à 10 millimètres l'épaisseur de la couche liquide traversée par le rayon lumineux (1).

Le liquide de l'essai est placé dans le second godet du colorimètre et l'on détermine l'épaisseur qu'il faut donner à la couche liquide pour obtenir une teinte d'intensité égale à celle que donne la liqueur type sous une épaisseur de 10 millimètres.

Le rapport inverse des hauteurs, la richesse de la liqueur type étant connue, permet de calculer le résultat cherché.

Pour les vins, j'évapore 25 centimètres cubes ; après incinération et traitement de la cendre par l'acide chlorhydrique étendu (5 centimètres cubes), je ramène de nouveau le volume à 25 centimètres cubes avec la solution de sulfocyanure de potassium et je compare la teinte obtenue avec celle que fournit la liqueur type à 0 gr. 010 de fer par litre.

La richesse des vins en fer est généralement comprise entre 0 gr. 005 et 0 gr. 015 par litre ; cependant on en trouve maintenant de beaucoup plus riches, à cause de la pratique qui se généralise de plus en plus dans la viticulture de traiter la vigne par le sulfate de fer pour remédier à la chlorose.

C'est le cas de doubler, de tripler le volume et même plus, suivant la richesse apparente.

Ce procédé colorimétrique a été vérifié en dosant le fer dans un même vin, auquel on en avait ajouté des doses croissantes.

Voici les résultats obtenus dans une série d'expériences :

Vin naturel contenant 18 milligr. 2 de fer, dosé au permanganate de potasse :

Fer ajouté	Richesse calculée	Trouvé au colorimètre
0 gr. 004	0 gr. 0222	0 gr. 0222
0 020	0 0382	0 0364
0 040	0 0582	0 0566
0 060	0 0782	0 0705
0 080	0 0982	0 0927

(1) On obtient ainsi une teinte tout à fait favorable à l'observation.

Tous ces chiffres expriment des quantités par litre.

On eût certainement approché de plus près la vérité en employant le permanganate de potasse ; mais je crois qu'en raison de la rapidité et de la commodité d'exécution de la méthode colorimétrique, on peut, dans beaucoup de cas, le substituer à la précédente.

Montpellier. — Imprimerie centrale du Midi (Hamelin frères).